北京科技报 专家团队 策划审定

未来科学家科普分级读物（第一辑）

小物件 大学问

小多科学馆 编著　石子儿童书 绘

白泽 内容编辑

"科普天团"

ke pu tian tuan　liang shen da zao

为少年量身打造的
科普分级读物

ke pu yue du　fen ji du wu

电子工业出版社

Publishing House of Electronics Industry

北京·BEIJING

U0281362

目录

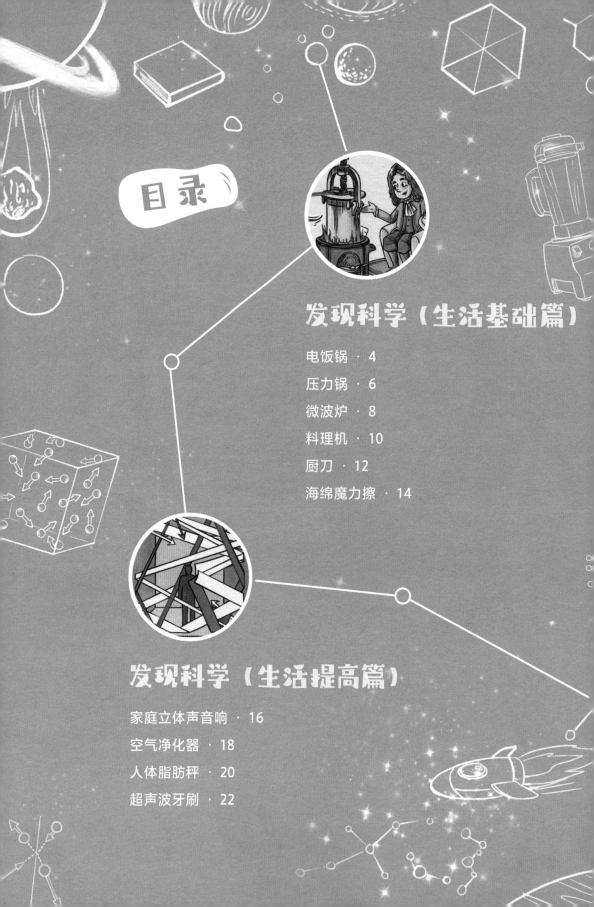

发现科学（生活基础篇）

发现科学（生活提高篇）

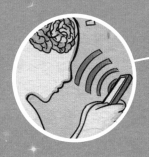

学习科学

应用科学

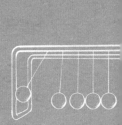

电饭锅

煮饭看似简单：把米放进锅里，把锅放在火上煮。不过，做出来的米饭却可能夹生或烧焦。电饭锅则能确保将每锅米饭都煮到完美。

程序菜单

电饭锅主体

内胆

加热板

温度传感器

在电饭锅里，一切都交给了电脑程序。电饭锅煮饭时，锅内的电子设备主要做两件事——烧水，调节压力和温度。

电饭锅由内胆、加热板和外壳构成。外壳能将煮锅与外界隔绝，并且避免烧开的水完全蒸发掉。

水和米"坐"在内胆里，内胆则"坐"在加热板上。整个内胆的重量压在加热板上，会触发位于电饭锅底部通过弹簧与锅底连接的温度传感器。加热板让内胆变热，温度传感器控制内胆内的温度。大多数电饭锅有模式设置，适用于不同种类、不同量的米。据此，电饭锅会决定米煮多长时间、保温多长时间，以达到最佳效果。

压力锅

在现代家庭的厨房里，有一种炊（chuī）具能在很短的时间内把坚韧的生肉、骨头烹至熟烂，甚至达到入口即化的程度。它就是压力锅。

17世纪的"帕平锅"被认为是最早的压力锅

压力锅利用了水的沸点受气压影响，气压越高、沸点越高这一原理。在高山、高原上，气压不到1个标准大气压，水的沸点低于100℃，所以不到100℃水就能沸腾。压力锅把水相当紧密地封闭起来，水受热蒸发产生的水蒸气不能扩散到空气中，只能保留在压力锅内，就使压力锅内的气压高于1个标准大气压，水就要在高于100℃时才沸腾，这样压力锅内部就形成高温高压的环境，食物很快就能做熟了。

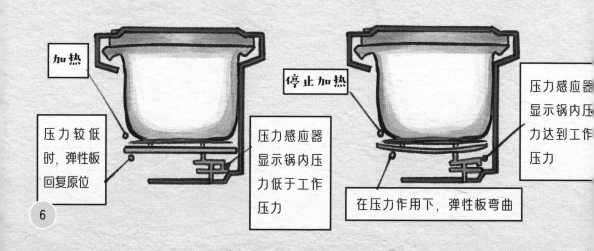

加热

压力较低时，弹性板回复原位

压力感应器显示锅内压力低于工作压力

停止加热

压力感应器显示锅内压力达到工作压力

在压力作用下，弹性板弯曲

压力锅改变了人们长期以来食物慢慢炖煮的烹饪方式，让食物可以在短时间内煮烂，省时、节能；而且利用压力锅的密封特性，可以锁住食物中的水分。所以就算在平原地区，压力锅也成为大多数家庭必备的厨具。

微波炉

使用微波炉，只需按几个按钮，看食物转几圈，几分钟后，热腾腾的美食就做好了。——这不是魔术，而是 20 世纪最有用的发明之一。

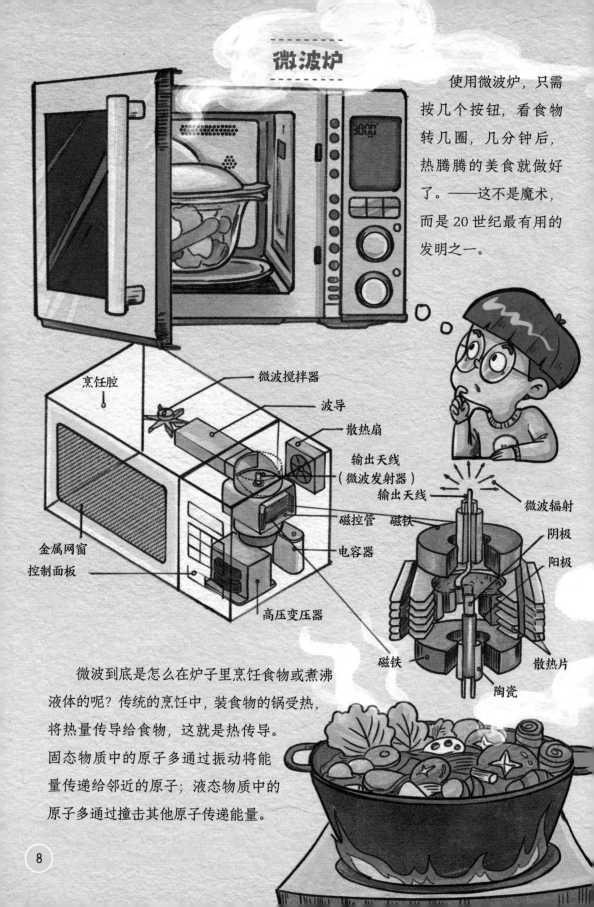

- 烹饪腔
- 微波搅拌器
- 波导
- 散热扇
- 输出天线（微波发射器）
- 磁控管　磁铁
- 电容器
- 金属网窗
- 控制面板
- 高压变压器
- 输出天线
- 微波辐射
- 阴极
- 阳极
- 磁铁
- 散热片
- 陶瓷

微波到底是怎么在炉子里烹饪食物或煮沸液体的呢？传统的烹饪中，装食物的锅受热，将热量传导给食物，这就是热传导。固态物质中的原子多通过振动将能量传递给邻近的原子；液态物质中的原子多通过撞击其他原子传递能量。

微波加热的原理跟热传导不同。所有的波都有波峰和波谷，微波是电磁波，它的电场会快速改变方向。一个水分子包含两个带正电的氢（qīng）离子和一个带负电的氧（yǎng）离子，当微波穿过食物时，两种离子交替地被吸引和排斥，水分子就来回地"摇滚"起来，能量随之增加，食物温度升高。因此，所有高水分的食物都可以在微波炉中烹饪。这一原理自 20 世纪 60 年代起应用至今，效果很好。

微波

6.4cm

当微波穿过食物时，食物里的水分子会随着微波的振幅变化"摇滚"起来。

料理机

将洗好的水果放进料理机，按下开关，不一会儿，一杯富含营养的新鲜果汁就做好了。

1922年，波兰人斯蒂芬·波普瓦夫斯基为他设计的苏打水饮料搅拌机申请了专利，这项发明为我们今天所熟知的多功能料理机的设计铺平了道路。料理机可以从新鲜的水果和蔬菜中榨汁，还可将食物变成液体，有的还能分解食物。

料理机大多是由安装在底座内的电机驱动的，一个或两个轴将电机和上方的刀组相连，连接刀组的轴套有O形橡胶密封圈，以防止食物或液体流入电机。

料理机的机座上装有按键，通过这些按键操纵机器的不同功能，用户可以选择搅拌、榨汁、打浆等。食物无论柔软还是坚硬，都能在料理机刀组的高速旋转下，被打成粉、打成浆或打成汁，供我们食用。

盖子

容器

刀组

开关及刀组转速调节旋钮

维生素 K

食物纤维

钙

维生素 C

叶酸

胡萝卜素

厨刀

每名厨师都期盼着有一把好厨刀。一把好刀握在手中，要让人感到舒适、不容易脱手，这得经过人体工学的研究。

人体工学根据人体的生理结构和各种心理因素，研究人和器具如何相互作用和合理配合，让使用器具的人在健康、安全和舒适的前提下，具有足够高的工作效率。比如适合厨师的刀一般比较轻，因为厨师整天握刀，要保证他们不会因为刀太重而感到累。

理想的厨刀的平衡点

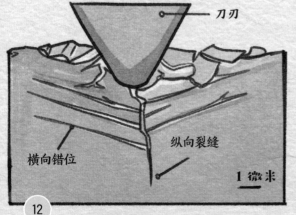

刀刃

横向错位

纵向裂缝

1 微米

显微照片，钝刀的切面

显微照片，快刀的切面

在追求完美的人体工学要求的同时，世界各地的厨刀也各有风格：

欧洲的刀硬度较低，因此具有良好的保持度，也容易磨；而日本的刀崇尚高硬度，采用碳（tàn）含量超过 1% 的钢。

日本的厨刀倾向于较轻的刀柄；欧洲的厨刀倾向于让刀柄和刀片有相近的重量。

中国家庭过去通常只有一把长方形的中式厨刀，而现在，越来越多的中国家庭选择购置各种形状的厨刀，以满足不同的需求。

海绵魔力擦

　　海绵魔力擦是一种神奇、强力的清洁擦。厨房的油污、办公室的灰尘、汽车上的鸟粪、浴缸表面的黄斑、窗户上的污痕，用海绵魔力擦一擦就无影无踪了。

海绵魔力擦的神奇，源于它的材料。魔力擦的纤维及中间的细孔，虽没有达到纳米级别，但比头发丝细。魔力擦的网格结构就像丝瓜的筋，但比瓜筋更细腻，可以深入污垢，像非常细腻（nì）的砂纸一样把污垢磨下来。海绵魔力擦的硬度比一般的污垢要大，但小于污垢附着的物体表面（如涂料墙面、木质桌面），因此，可以非常有效地擦去污垢。

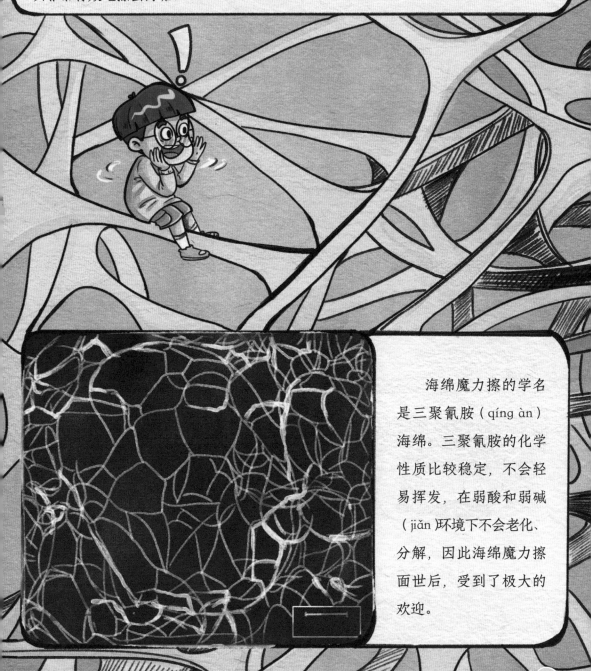

海绵魔力擦的学名是三聚氰胺（qíng àn）海绵。三聚氰胺的化学性质比较稳定，不会轻易挥发，在弱酸和弱碱（jiǎn）环境下不会老化、分解，因此海绵魔力擦面世后，受到了极大的欢迎。

家庭立体声音响

家庭立体声音响一般是从左右两个音箱发出声音。人坐在与左右音箱呈三角形的位置上，可以感受到立体音场。不过立体声音响声源里的声音信号已经包含录音现场的反射声和混响声，如

第一次从墙面反射回来的声音

声波遇到粗糙的墙面向四面八方散射

直达声

一部分声波被地面吸收

果再加上墙壁的反射声和房间的混响声，势必对直达声产生干扰。此时要做的就是吸声，即消除墙壁的反射声和房间的混响。

用于吸声的泡沫塑料板

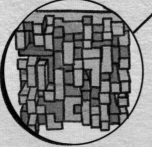

用于产生散射的木质墙饰

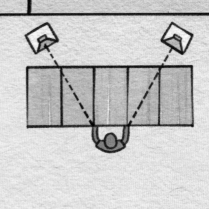

吸声板的布置

高保真立体声再现的关键，就是消除一些干扰因素，让我们只听到声源发出的声音。当然，如果没有很好的音响设备，或者本来的声源不是很好——声音太干、太冷，在房间里加上一些散射混响，使乐声变得温暖，也是不错的声音改造方案。

空气净化器

打开家里的空气净化器，空气质量传感器的指示灯变为红色。设定到自动挡，净化器的风扇开始高速旋转，发出"嗡嗡"声。一段时间后，传感器的指示灯变成蓝色，风扇进入低速旋转状态，净化器安静了下来。

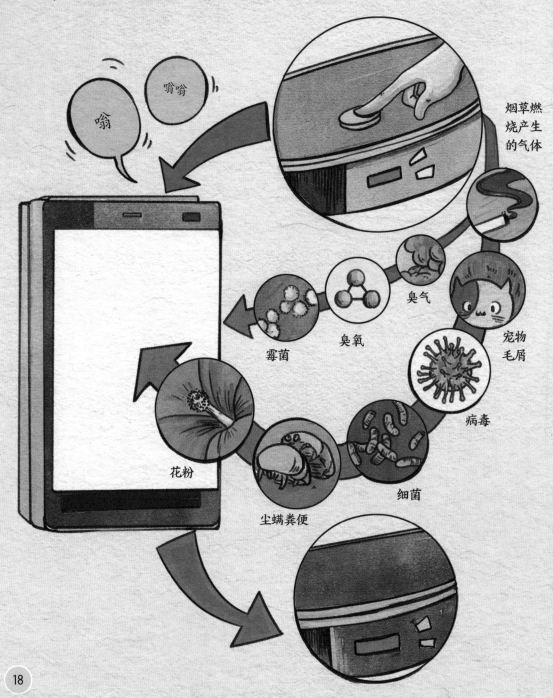

嗡

嗡嗡

烟草燃烧产生的气体

臭气

臭氧

霉菌

宠物毛屑

病毒

花粉

尘螨粪便

细菌

净化器工作时，会进行以下物理和化学反应过程。

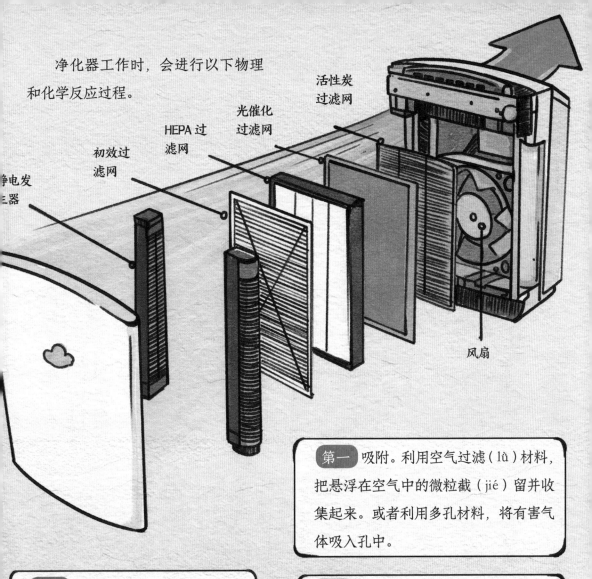

活性炭过滤网

光催化过滤网

HEPA 过滤网

初效过滤网

净电发生器

风扇

第一 吸附。利用空气过滤（lǜ）材料，把悬浮在空气中的微粒截（jié）留并收集起来。或者利用多孔材料，将有害气体吸入孔中。

第二 静电捕获。高压放电将经过电场的颗粒物电离，使之带电，然后在下一个气室内被带相反电荷的电极吸引捕获。

第三 光催化。利用二氧化钛（tài）作为催化剂，经过紫外灯的照射，使周围的氧气被激发成具有活性的氧自由基，这些氧自由基可分解对人体有害的有机物及部分无机物。

第四 化学络合。利用一种叫"络合剂"的物质，将有害气体"联络"起来，变成具有大分子链的固态物质，然后去除。

第五 负离子化。使空气中的颗粒物带电，在净化器外聚集成较大颗粒而沉降。

人体脂肪秤

人体脂肪秤看起来平凡无奇，但当人踏上它时，就会踩到电极上。一个电极产生一小股电流，向上通过人体，然后回到另一只脚下的电极。这股电流非常小，人不会有什么感觉。

当电流在人体内循环时，会一路受到阻力。不同的身体组织，电阻是不同的。肌肉含有大量水（约73%）和电解质，是很好的导体，电流通过时受到的阻力小；脂肪含水量很少，电阻很大，不会轻易让电流流过。

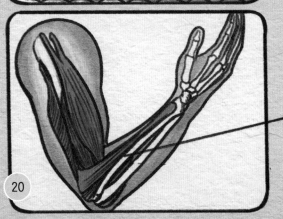

水
73%

脂肪秤通过"生物电阻抗分析仪"分析出人体不同部位的电阻，在输入被测试者的年龄、身高和性别后，结合测到的实时体重，就能轻而易举地知道被测试者身体脂肪的含量。

随着人们生活水平的提高，健康问题正越来越得到重视，人体脂肪秤等也发展得很快。

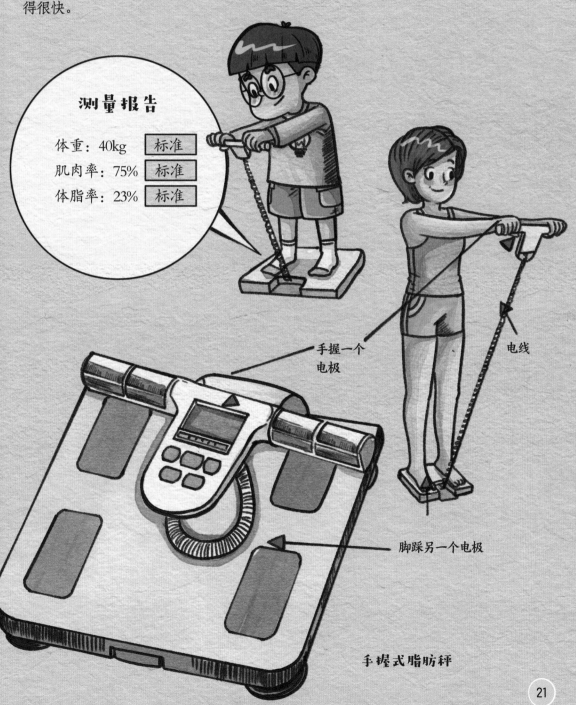

测量报告

体重：40kg　标准
肌肉率：75%　标准
体脂率：23%　标准

手握一个电极

电线

脚踩另一个电极

手握式脂肪秤

超声波牙刷

通常情况下，人类可听见的声音频率上限为 20 千赫（hè）左右，而超声波的频率通常在 20 千赫以上，最高可达几千兆赫。

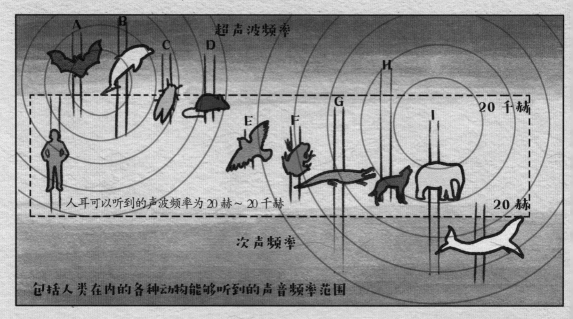

超声波频率

20 千赫

人耳可以听到的声波频率为 20 赫~20 千赫

20 赫

次声频率

包括人类在内的各种动物能够听到的声音频率范围

保罗·朗之万 1917 年利用超声波技术来探测潜艇位置。如今，超声波技术已经成功应用到一些家庭用品上，比如牙刷、加湿器甚至泊车的传感器。

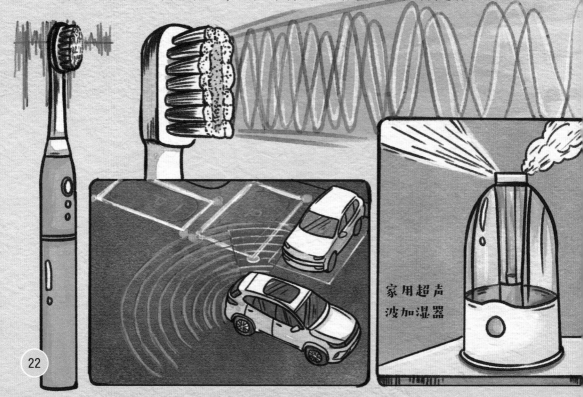

家用超声波加湿器

超声波主要用于达到两个目的：

第一，查看不透明材料（如混凝土）或人体内部，甚至可以隔着空气和水完成。

第二，对材料施加影响，比如清洁、切割，或在材料进行化学反应时起催化作用。

超声波牙刷在液体中振动时会形成小气泡，小气泡受到迎面而来声波的高压冲击而发生内爆，产生冲击波。如果冲击波离牙菌斑很近，会使牙菌斑从附着的表面脱离，从而达到清洁目的。牙医洁牙、治疗牙周病时利用的正是超声波。

电磁辐射对人体健康的影响

人类的科技产品有很多是建立在电磁波传播基础上的，这意味着，我们身处电磁波的海洋。

电磁波技术兴起时，就有人怀疑它可能对人体造成伤害。但反对的声音很快就占了上风：电磁波并不稀奇，阳光、雷电等都会辐（fú）射电磁波，自古如此，对人体没有什么影响；何况电磁波本身不带电荷，也没有质量，人体根本感觉不到它的存在。于是，电磁波可能会危害健康的说法，并未引起人们的重视。

适宜剂量是安全无害的　　　基本安全，危险程度低　　　危险

极低频　　超低频　　低频　　射频　　微波

情况的变化始于人们对电离辐射的认识。电离辐射是指能使物质的原子或分子电离而形成离子对（离子和电子）的辐射。电离辐射的组成，包括高速运动的高能粒子束（亚原子、离子或原子），比如 α 粒子、β 粒子、中子束等，以及电磁波谱高能量端的电磁波，比如 X 射线、γ 射线。这些高能粒子束和电磁波会对人体造成伤害。

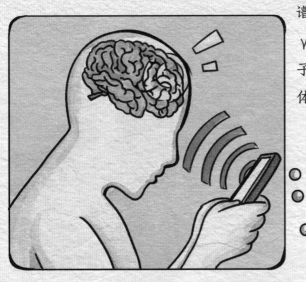

当电离辐射的能量作用于生物大分子时，可使其不稳定、重排、产生自由基等，其中最大的受害者就是 DNA 分子。虽然人体有自行修复受损 DNA 的能力，但在修复过程中可能出现差错，从而诱发癌（ái）症。不过，电离辐射在生活中非常少见。只有在某些仪器运行、核爆炸、放射性物质衰变等情况下才会出现。但这也足以让人们重新审视日常接触的由低能量电磁波产生的非电离辐射。

目前，电磁辐射对人体健康的影响，在科学界还未形成结论。

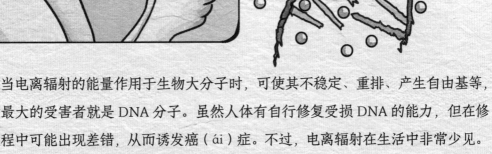

适宜剂量是安全无害的			极其有害	
红外线	可见光	紫外线	X 射线	γ射线

压强与沸点

在古代，智者可以"见瓶水之冰而知天下之寒"。但对寒的程度，智者也说不清。因为在很久以前，温度的概念并不存在，人们对冷热只有一些模糊的认知。

1742 年，为验证地球是否是椭圆形的，长期从事地球经纬度测量、到过很多地方的瑞典天文学家安德斯·摄（shè）尔修斯意识到，水结冰时的冷热程度是非常稳定的，而水沸腾时的冷热程度却会随着海拔的高低而变化。

为了对这种冷热程度进行精确描述，摄尔修斯做了定义：水结冰时的冷热程度为100℃，水沸腾时的冷热程度为0℃。

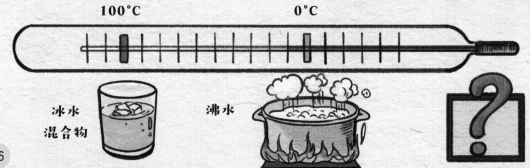

100℃　　　　0℃

冰水
混合物　　沸水

1744 年，瑞典植物学家卡尔·林奈将摄尔修斯的定义反了过来。他将水的冰点定为 0℃、沸点定为 100℃，并制成温度计，用在自己的温室大棚里。

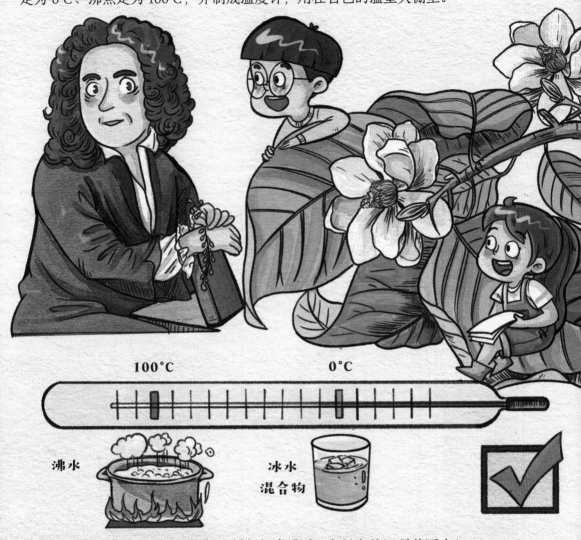

100°C　　　　0°C

沸水　　　　冰水混合物

现在的研究证明，摄尔修斯的判断相当准确。在很大的压强范围内（0.008 ~ 100 个标准大气压），水的冰点几乎不变。而水的沸点变化却相当剧烈——0.008 个标准大气压时，水的沸点约为 0℃；100 个标准大气压时，水的沸点可达 300℃！

0.008 标准大气压 0℃

100 标准大气压 300℃

直饮水和普通饮用水

直饮水，又称为健康活水，指的是没有污染、没有退化，符合人体生理需要，pH值呈弱碱性的可直接饮用的水，如纯净水、矿泉水、矿物质水等。

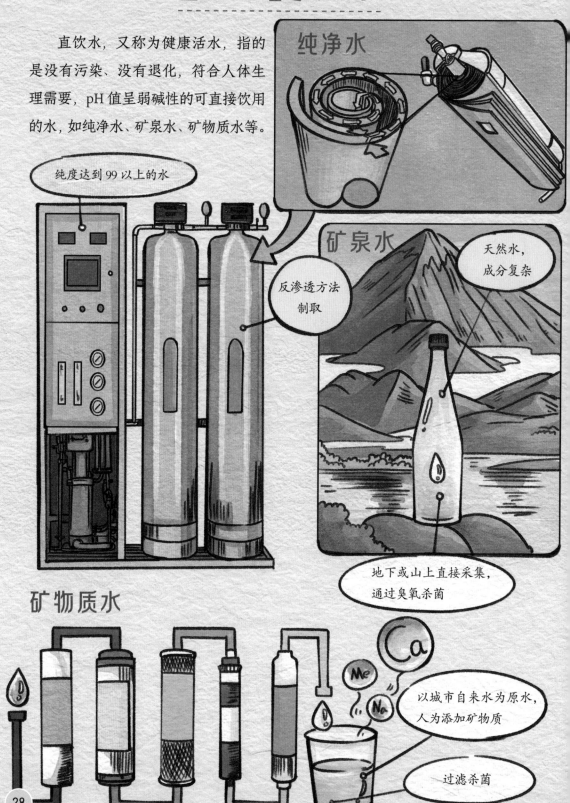

纯净水

纯度达到 99 以上的水

反渗透方法制取

矿泉水

天然水，成分复杂

地下或山上直接采集，通过臭氧杀菌

矿物质水

Ca

Me

Na

以城市自来水为原水，人为添加矿物质

过滤杀菌

　　直饮水比普通饮用水清澈（chè），口感更好；普通饮用水主要为自来水厂的过滤水，看起来略显浑浊，甚至存在其他杂物。直饮水矿物元素更为丰富，比普通饮用水能够提供更多人体所需要的元素。但直饮水的经济成本比普通饮用水高不少。

煮饭的四个要点

煮饭是一门学问。不过，只要抓住几个基本
要点，就可以把饭煮好。

步骤 1 把米放在水中浸泡。这会使米吸收水分，从硬硬的米粒变成软软的食材。

步骤 2 将米煮一定的时间。煮的时间过长，就会太软；而煮的时间过短，则会很硬。

步骤 3 将水煮沸是很容易的，但是米通过蒸汽吸收水分，才能达到最佳口感。锅内的水一旦烧开，就需要保持在一个恒定的温度，直到蒸汽被米吸收。

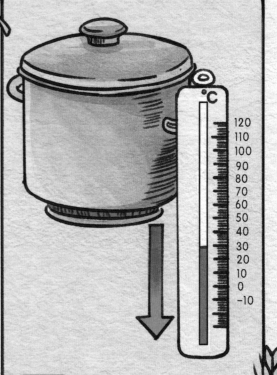

步骤 4 让米"安定"。米需要冷却到足够低的温度，也需要时间吸收所有水分。

稻米小知识

　　稻米可分为籼（xiān）米、粳（jīng）米和糯（nuò）米。籼米细长，透明度低，黏性适中，是我国南部地区和东南亚地区主要的食用米；粳米圆短，透明度高，黏性稍大，是我国北部地区及日本主要的食用米；糯米黏性最大，是制作米糕、汤圆、八宝粥、粽子等的原料。

同样，一种稻谷可以制成几种米。稻谷去除稻壳后就是糙（cāo）米，糙米营养价值最高，但浸水和煮食时间也较长。

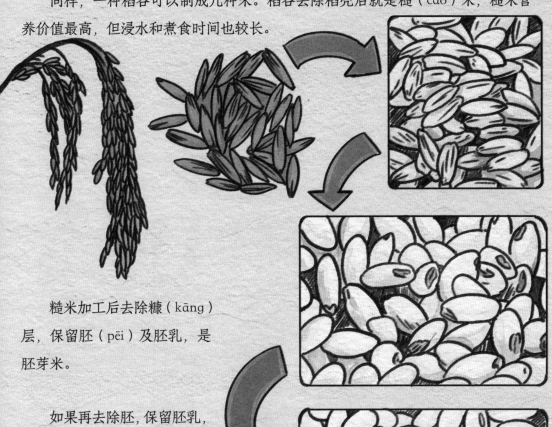

糙米加工后去除糠（kāng）层，保留胚（pēi）及胚乳，是胚芽米。

如果再去除胚，保留胚乳，那就是市场上最常见的白米。相对来讲，白米最容易煮，而糙米和胚芽米则比较考验电饭锅的能力。

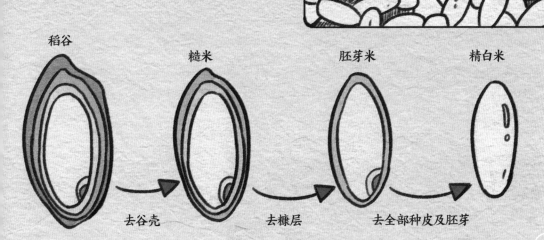

稻谷　　　　糙米　　　　　胚芽米　　　　精白米

去谷壳　　　　　去糠层　　　　去全部种皮及胚芽

发明灯泡的五个诀窍

"我叫托马斯·爱迪生。其实，灯泡不是我最先发明的，我只是被冠以这个荣誉而已。早在1879年，灯泡就存在了，不过大多用于路面照明，几乎没有在室内使用过。我发明的是适合商业推广的灯泡，它价格低廉，普通人也用得起。我最喜欢的灯泡是白炽灯，它是我发明的。不过它并不完美，所以其他科学家研制出了其他灯泡，比如荧光灯、二极管灯泡，以及由晶体管和石墨烯（xī）制作成的灯泡……"

"或许你也想发明一个灯泡，那么，请记住以下的诀窍。"

发明诀窍 1 尝试一切！

发明诀窍 2 一个问题的解决会带来更多问题！

发明诀窍 3 产品要让人买得起！

发明诀窍 4 如果你认为已经尝试了一切，请再想一遍！！！

发明诀窍 5 在没有检验之前，不要断定你的想法毫无意义！

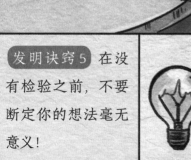

如何检测水中的余氯

即便是已经被净化过的水，仍然多少会含有一些"脏东西"。那怎么确定每天饮用的水是否足够干净呢？下面是饮用水中是否含氯（lù）的简易检测方法。

步骤 0　准备余氯测试剂和两杯水，一杯是净化后的水，一杯是普通的自来水。

净化水　　　　　　　　　　　　　自来水

步骤 1　分别在两杯水中加入两杯余氯测试剂，观察水的颜色变化。

步骤 2　拿出余氯测试剂说明书上的比色卡。

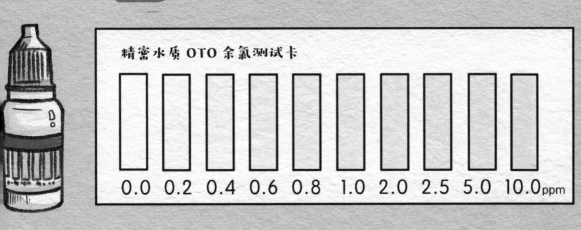

精密水质 OTO 余氯测试卡

| 0.0 | 0.2 | 0.4 | 0.6 | 0.8 | 1.0 | 2.0 | 2.5 | 5.0 | 10.0ppm |

步骤 3　在比色卡上找到与杯中水颜色对应的颜色。

　　这样，我们就可以知道水中余氯的含量了。而且，水的颜色越深，余氯的含量越高。

　　首先，选择有调光器的灯。如果需要进行一般的读写，把亮度调低；如果需要近距离作业，如艺术创作或工程制图，把亮度调高。

其次，选择一个色温在 4000 ～ 6500K 的灯泡。这种灯泡发出的光接近自然光。
色温在 4000 ～ 5500K 的光属于暖白光，给人的感觉更舒适，比较适合一般的阅读；
色温到 6000K，就属于正白光了，这种光会使人振奋，容易集中精神。

哪些材料能阻挡 Wi-Fi 信号

你发现了吗？你在房间的不同位置时，Wi-Fi 信号的强度会有所不同，这是为什么呢？来做个实验吧。

准备材料 无线路由器、可接收 Wi-Fi 信号的手机、信号强度检测软件、待测物体（如铝箔、铁锅、纸板、塑料板、人体）。

wi-fi 强度仪表

步骤 1 将无线路由器和手机分别放在距离地面相同高度的两张桌子上，保持位置不变。

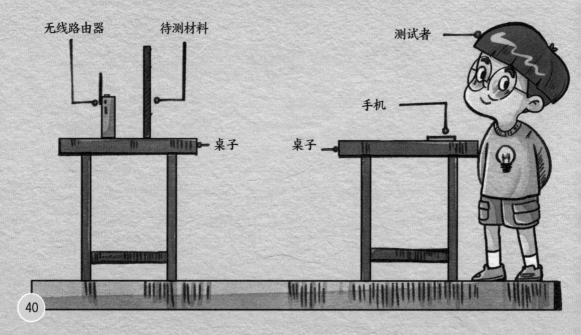

无线路由器　待测材料　　测试者　　手机　　桌子　　桌子

步骤 2 无待测物体时，观察手机屏幕上方的 Wi-Fi 信号图标，看看有几格是亮的，直观地判断此时的信号强度。再运行信号强度检测软件，测出准确的信号强度。

步骤 3 把待测物体放在无线路由器和手机之间，靠近路由器但不能接触。检测此时的信号强度（直观判断法和软件检测法）。

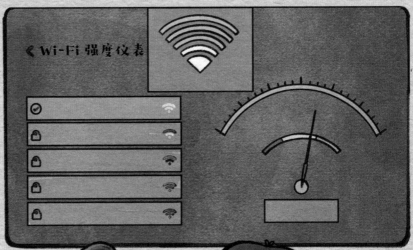

铝箔可以隔绝无线信号吗？

铝箔基本可以隔绝无线信号。

步骤 4 每个实验重复3次，分别记录实验结果，计算每组数据的平均值和信号的衰减值。比较不同物体阻挡 Wi-Fi 信号能力的强弱。

家用电器电磁辐射的预防

人体电磁辐射接收量的计算公式是：

电磁辐射接收量＝电磁场强度 × 时间

不管是电场还是磁场，它们的强度均与距离的平方成反比，即在距离 2 厘米远的地方，辐射强度只有 1 厘米处的 1/4，4 厘米处只有 1 厘米处的 1/16……随着距离的增加，电磁场的强度会急剧减小。通常家用小电器的安全距离在 30 ～ 40 厘米以外。只是微波炉要特别注意，其安全距离通常在 1 米以上。

S: 辐射源
r: 辐射距离

电磁等效平面波功率与距离的平方成反比，例如在距离 2 厘米远的地方，其电磁辐射强度只有 1 厘米处的 1/4，3 厘米处只有 1 厘米处的 1/9……

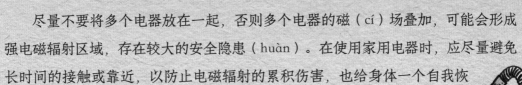

　　尽量不要将多个电器放在一起，否则多个电器的磁（cí）场叠加，可能会形成强电磁辐射区域，存在较大的安全隐患（huàn）。在使用家用电器时，应尽量避免长时间的接触或靠近，以防止电磁辐射的累积伤害，也给身体一个自我恢复和调节的时间。

人的体质千差万别，有些人（如孕妇、儿童、电磁辐射敏感者等）在超过公众暴露控制限值的辐射环境下更容易受伤，要特别注意。

未来科学家小测试

1. 以下说法错误的是（ ）。

A. 压力锅的工作利用了水的沸点受气压影响的原理。

B. 一把好的厨刀经过了人体工学的研究。

C. 微波加热利用的是热传导原理。

2. 以下说法错误的是（ ）。

A. 吸声材料放置得越多，听声环境会越得到改善。

B. 人体脂肪秤利用的原理是：电流通过肌肉时受到的阻力大，通过脂肪时受到的阻力小。

C. 超声波清洁比单纯的手动清洁更有效。

3. 关于稻米的知识，下列说法错误的是（ ）。

A. 稻米可分为籼米、粳米和香米三个品种。

B. 糯米黏性大，是制作米糕、汤圆、八宝粥、粽子、油饭等的原料。

C. 稻谷去除稻壳后是糙米；糙米加工后去除糠层，保留胚及胚乳，是胚芽米；再去除胚，保留胚乳，就是市场上最常见的白米。

4. 下列哪些材料会阻挡 Wi-Fi 信号？（ ）

A. 金属制品。B. 木质家具。C. 铝箔。

5. 以下说法错误的是（ ）。

A. 在很大的压强范围内，水的冰点几乎是不变的。

B. 在很大的压强范围内，水的沸点几乎是不变的。

C. 在一定条件下，水的沸点可达到 300℃。

答案：1.C。2.B。3.A。4.ABC。5.B。

44

图书在版编目（CIP）数据

小物件大学问 / 小多科学馆编著；石子儿童书绘. -- 北京：电子工业出版社，2024.1

（未来科学家科普分级读物. 第一辑）

ISBN 978-7-121-45650-3

Ⅰ. ①小… Ⅱ. ①小… ②石… Ⅲ. ①机械 – 少儿读物 Ⅳ. ①TH-49

中国国家版本馆CIP数据核字（2023）第090016号

责任编辑： 赵　妍　季　萌
印　　刷： 当纳利（广东）印务有限公司
装　　订： 当纳利（广东）印务有限公司
出版发行： 电子工业出版社
　　　　　 北京市海淀区万寿路173信箱　邮编：100036
开　　本： 889×1194　1/16　印张：18　字数：333.3千字
版　　次： 2024年1月第1版
印　　次： 2024年1月第1次印刷
定　　价： 138.00元（全6册）

凡所购买电子工业出版社图书有缺损问题，请向购买书店调换。若书店售缺，请与本社发行部联系，联系及邮购电话：（010）88254888，88258888。

质量投诉请发邮件至zlts@phei.com.cn，盗版侵权举报请发邮件至dbqq@phei.com.cn。

本书咨询联系方式：（010）88254161转1860，jimeng@phei.com.cn。